中国国标红木丛书

东·南·亚

常用名优木材

鉴赏

杨文广 编著

China

National

Standarts

Redwood

Books

云南出版集团公司

云南美术出版社

杨文广，男，彝族，1958 年 4 月 19 日生，云南漾濞县人，云南师范大学经济分析与管理研究生、澳门科技大学 MBA 研究生，高级职业经理人。1980 年～1991 年在云南漾濞县委和顺濞乡党委任领导工作。1991 年～1993 年任云南省林业厅瑞丽云林商号总经理。1993 年以后经营民营企业，一直从事珍稀、名贵木材和红木家具的生产、经营、销售及研究。

前言

东南亚的名贵珍稀木材很多，常用木材也很多，而且世界上的名贵珍稀木材，同树种也是生长于东南亚的最好。如现在市场上使用最多的红酸枝木、花梨木、柚木都是产自东南亚的最好。《中国国标红木丛书》分为三辑，第一辑《中国国标红木家具鉴赏》；第二辑《中国国标红木家具用材鉴赏》；本书为第三辑《东南亚常用名优木材鉴赏》。关于家具用材分为两辑介绍，第二辑主要介绍上等名贵红木，即33种国标红木。第三辑为常用名优木材。此辑中重点介绍了22种树种，这22种是储藏量大，分布广，较名贵，市场又普遍使用和常见树种。

编者常年从事进出口木材经营，因而积累了一些经验，但书中难免有一些不足、不当之处，希望广大读者批评、指教！

Contents

目录

东南亚常用名优木材鉴赏
中国国标红木丛书
Southeast Asia Timber Appreciate

第一章　沉香木

· 越南河静沉香木树全树

·越南奇楠沉香

○ 沉香木

中文学名：沉香木

科名：瑞香科

属名：沉香木

学名：Aquilaria agallocha

俗称：沉香木

主要分布：越南、印尼、马来西亚、新加坡、柬埔寨等。我国海南、福建也有分布。

形态特征：

树——沉香木为常绿乔木，树高25米左右，胸径0.3米以上，树干多直而圆，枝杈下直干长6米左右。

皮——树外皮暗灰色，有白斑点，树皮中厚，表皮平滑至浅纵裂。内皮乳白色，纤维发达。

叶——叶互生，叶革质，叶侧脉15~20对，被毛。叶宽3.5厘米左右，长7~10厘米，每枝有5~7小叶，上面绿色，下面浅灰绿色。

花——伞形花序顶生或腋生，花芳香，乳黄色，卵状，被柔毛。

果——蒴果倒卵圆形，木质，长2.5~3.5厘米，径约2厘米。初果绿色，后变为暗褐色。

木材特征：

颜色——树干木质部分是一种木材，边心材区别不明显，

· 越南河静沉香木树干

边材多呈乳白色，心材浅褐色。

纹路——交错纹理，有斑纹。

生长轮——明显。

气味——有特殊香气，燃烧时有油渗出，香气浓烈，微苦。

气干密度——木材含水率12时，气干密度0.43~0.55g/cm^3。

其他特性——收缩变形中，反腐耐浸泡。木材不系好材，就光论材质而言，并不属珍贵材种。它的稀有珍贵主要是沉香木中含有丰富树脂，会转变为能作药用的沉香。

○ 沉香形成及稀有性

沉香为什么叫"沉"，是因为好的沉香，木凝质所结的油脂密度高，置于水中会下沉，所以称"沉香"或"沉水香"。沉香是沉香木树干被人为损伤、虫蛀食或自然坏死，倒塌埋于土中腐烂，真菌从损伤或坏死处侵入寄生发生变化，经过多年沉积形成。它的形成就同云南青松损伤、坏死部分产生松油脂（俗称"明子"、"松明油"）的道理和过程一样，是经长年累月氧化发生变化，产生香脂凝结而成。取沉香要先剔除白木质部分，剩下的深褐色木质部分就是沉香。好的沉香比黄金还贵，沉香价格悬殊极大，最差的工艺品仅仅为一公斤500元左右，好的可以做药的价格高达1000~8000元/克。沉香是调中平肝的珍贵药材。野生好的沉香的采集，需穿越原始森林，披荆斩棘，冒着生命危险才能取得，好的沉香越来越稀少，所以很珍贵，已被联合国列为珍稀濒绝野生植物来保护。在各产地国政府皆有严格保护措施。

· 越南河静沉香木树，人为制造的树干受损

○ 越南沉香

目前越南的奇楠沉香为最上等沉香，但数量极少。

奇楠沉香按其形成过程的不同分为四种：熟结、生结、脱落、虫漏。一块沉香，其脂是在完全自然中凝结聚集变化而成，称为熟结；因沉香树被刀斧砍伐受伤，流出膏脂凝结而成的称为生结；因木质部分自己腐朽后而凝结成的沉香称为脱落；因虫蛀食，其膏脂凝结而成的称为虫漏。

奇楠沉香分为四个品种等级：一号香的质地很坚硬且非常香浓；二号香质地坚硬而且香味也很浓郁；三号香的质地比较松，香味一般；四号香的质地就非常的浮松，而且香味淡。

沉香形状不规则，表面多呈朽木凹凸不平。有些有刀痕，仔细看有孔油，大多可见浅黑褐色树脂与黄白色木质相间的斑纹。

• 越南河静沉香木树自然受损树干

○ 沉香的药理作用

沉香种类较多，而且很珍贵，有较好的药用价值。《本草纲目》记载沉香有强烈的抗菌效能，香气入脾，清神理气，补五脏，止咳化痰，暖胃温脾，通气定痛，能入药，是上等极品药材。主要用于治疗胸腹胀闷疼痛、胃寒呕吐呃逆、肾虚气喘等病症。

· 沉香木树果实

○ 沉香的经济价值及用途

　　首先，沉香是珍贵的香料。沉香中提取的香精，是一种名贵香料，在香料中占据很高的地位。用沉香制成的粉末和线香，常作为重要宗教熏香用品；沉香可做药；沉香树的种子含高油脂，可制作肥皂和润滑油；沉香木和差的沉香可制作沉香珠手链和制作合成沉香工艺品。

· 沉香木树花

· 越南河静沉香木树叶

· 越南河静沉香木木材及沉香

11.

· 越南奇楠沉香

· 越南人工合成沉香工艺品

• 越南奇楠沉香手链

檀香木

第二章

· 檀香木全树

○ 檀香木

中文学名： 檀香木

科名： 檀香(Santalaceae)

属名： 檀香(Santalum)

俗称： 白檀、檀香

外文学名： Sandalwood

形态特征:

树——檀香木为常绿寄生小乔木,树高5~10米。

皮——树皮褐色,粗糙成浅纵裂,树皮中厚,不易剥离。

叶——叶对生,长椭圆形或长卵状形,基部楔形,全缘,无毛,叶柄短。

花——圆锥形花序腋生和顶生,花小,多数始为淡黄色,后变为红紫色。

果——核果球形,成熟时黑色,种子圆形,光滑,有光泽。

·檀香木树干

· 檀香木嫩树叶

木材特征：

颜色——芯边材区别不明显，边材白色，芯材金黄色至浅黄褐色。

纹路——纹路少，不明晰。

生长轮——不明显。

气味——极具奇香。

气干密度——木材含水率12时，气干密度0.95~1.08g/cm³。

其他特性——收缩变形极小，不易翘裂，香油性极高，手磨会留下久久的奇特芳香。

· 檀香木树叶反面图

· 檀香木树叶正面图

○ 檀香木分布及种类

　　檀香木又是名贵香料、药材。其有用部分是具有特别芳香的芯材和从芯材中提取的檀香油。檀香木主要分布在印度、印度尼西亚、澳大利亚及太平洋的一些群岛。现在被承认的有16种，15个变种。

　　檀香木最初是指从印度尼西亚和印度输入我国的印度尼西亚白檀或印度老山檀香两种。18世纪后，欧洲人先后在澳大利亚和太平洋诸岛发现了檀香属的其他种类檀香并大量采伐投入市场，"檀香"一名也就逐渐成为了檀香属植物的多种檀香的统称。如有产自澳大利亚的大果澳洲檀香、大花澳洲檀香，产自美洲的美国夏威夷滨海的夏威夷檀香及斐济檀香等。

· 印度老山檀香

檀香树生长极其缓慢，通常要数十年才能成材，是世界上生长最慢的树种之一，成熟的檀香树高达十米左右。檀香树根系浅，主根不明显，侧根发达，呈水平分布，根端具有吸盘，吸附于寄生植物根上，吸收寄生植物的水分、无机盐和其他营养物质。檀香树非常娇贵，在幼苗期必须寄生在洋金凤、麻楝、凤凰树、红豆、相思等树种和植物上才能成活。因而檀香的产量很受限制，人们对它的需求量又很大，从古至今，它一直都是既珍稀又昂贵的木材。檀香至少要30年以上的树龄才能达到采集销售的标准。檀香还可以提取檀香油——檀香精油，世界上公认为最好的檀香精油，产自印度的迈索尔邦。

· 印度老山檀香截面

檀香的种类较多，产自印度的老山檀香为上乘之品；印度尼西亚、澳大利亚及太平洋群岛产的檀香较差一些。印度檀香木的特点是其色白偏黄，油质大，散发的香味恒久。而澳大利亚、印度尼西亚等地所产檀香其质地、色泽、香度均比印度产的逊色。

· 印度老山檀香碎粉末

老山檀香新砍伐时，近闻常常有刺鼻的香味和特殊的腥香味，存放几十年或上百年后，香味非常湿润醇和，这种檀香是檀香中的极品。而砍伐之后就使用的称为"柔佛巴鲁檀香"，这种檀香品质较差。

檀香木细分可分为四类

1. 老山香，也称白皮老山香或印度香，香气醇正，是檀香木中之极品。

2. 新山香，产于澳大利亚，香气较弱。

3. 地门香，产于印度尼西亚及现在的东帝汶。

4. 雪梨香，产于澳大利亚或周围南太平洋岛国的檀香木。

檀香木按颜色又可分为白檀、黄檀、紫檀等品类。木色白者为白檀，木色黄者为黄檀，木色紫者为紫檀。檀香木愈近树芯和愈近根部，材质愈好越值钱。

○ 檀香木主要价值和用途

1. 药用价值

檀香是重要的中药材，历来为医家所重视，谓之"辛、温；归脾、胃、心、肺经；行心温中，开胃止痛。"外敷可以消炎去肿，滋润肌肤；熏烧可杀菌消毒，驱瘟避疫。能治疗喉咙痛、粉刺、抗感染、抗气喘。有调理敏感肤质，防止肌肤老化的功效。从檀香木中提取的檀香油在医药上也有广泛的用途，具有清凉、收敛、强心、滋补、润滑皮肤等多重功效，可用来治疗胆汁病、膀胱炎、淋病以及腹痛、发热、呕吐等病症，对龟裂、黑斑、蚊虫咬伤等症特别有效，自古以来就是医治皮肤病的重要药品。一些檀香的果实通过医学试验证明含有对癌细胞生长有抑制作用的物质，可以作为抗癌药品。

2. 工艺品

檀香木雕刻出来的工艺品更可谓珍贵无比。檀香木置于橱柜之中有熏衣的作用，能使衣物带有淡淡天然高贵的香味，古人认为能驱邪避邪。

檀香木(芯材)是名贵的精细工艺品和木雕的优良材料，其质地坚实，纹理致密均匀，耐腐朽抗白蚁危害，质量仅次于象牙，可以制成各种手工艺品，多用于雕刻佛像、人物，还可制作檀香扇、珠宝箱、首饰盒等。檀香木极其珍贵，品质好的印度檀香现在已达到13000~18000元/公斤以上。檀香木常作为高级家具镶嵌和雕刻等用材。

3. 其他用途

檀香在印度被称作"绿色金子"，在澳大利亚被誉为"摇钱树"。首先檀香是世界公认的高级香料植物，檀香木蒸馏提取檀香油——精油，主要用于香料工业。它不仅具有独特的香味，而且可与各种香料混合，使其他易于挥发的精油的香味更稳定和持久，用檀香木制成的各种宗教用品更是很多宗教活动中的上乘佳品，市场供不应求。檀香木屑可制成香囊或置于衣箱、橱柜中熏香衣物。檀香木粉末大量用于制作线香和盘香，除用于寺庙各种宗教仪式外，也用于日常家居净化空气和增加香气。而且，随着科学技术的发展，利用檀香还能生产出许多高附加值的产品，如人们喜爱的檀香皂、檀香系列洗涤用品等。印度尼西亚还研制出檀香系列香烟，在市场上很畅销，而澳大利亚的一些科学家正试验利用檀香果实生产保健食品和饮料。

· 印度老山檀香工艺品

桃花心木

第三章

· 大叶桃花心木全树

◯ 桃花心木

中文学名：桃花心木

科名：Meliaceae(楝)

属名：桃花心木

俗称：美洲桃花心

学名：Swietenia mahagoni(L.)Jacq.

产地：古巴、牙买加、海地、多米尼加。我国广东和云南有栽培。

• 大叶桃花心木树干

• 小叶桃花心木树干

• 小叶桃花心木全树

· 小叶桃花心木树干

形态特征：

树——常绿大乔木，高30~50米，胸径1米以上，树干直而圆。小枝外表有皮孔。树冠大，树形美。

皮——树外皮灰褐色，树皮中厚，不易剥离，深纵裂，表皮粗糙，鱼鳞状。

叶——羽状复叶，叶互对生，长椭圆形，叶片长9~13厘米，叶枝长30~40厘米。上面绿色，下面浅灰绿色。树冠宽广，枝叶浓绿。

花——花生叶腋，聚伞状圆锥形，花黄绿色。

果——果外形呈长卵形，木质，黄褐红色，果直径约4厘米，长约8~10厘米。果内有带薄翅大约1.5厘米的扁方形种子若干粒，成熟时自行分开。

· 大叶桃花心木树叶正面

· 小叶桃花心木树叶正面

· 大叶桃花心木树叶反面

· 小叶桃花心木树叶反面

·大叶桃花心木截面

木材特征：

颜色——心边材区别明显，边材白黄色，心材黄红色。

纹路——深褐纹路，多而漂亮。

生长轮——明显。

气味——微香或无。

气干密度——木材含水率12时，气干密度0.75~0.89g/cm^3。

其他特性——收缩变形小，不易翘裂，材质较稳定。

·大叶桃花心木切面

·大叶桃花心木原木

·小叶桃花心木地板

○ 桃花心木具体分布及种类

桃花心木原产于古巴、牙买加、海地、多米尼加和美国佛罗里达南端的一些小岛，在南美洲亚马孙河上游也有天然分布。主要生长在低海拔的谷地。自然分布在气候温热无大变化的地区，气温幅度在16℃~32℃，年降水量1250~2500毫米，全年各月均有降水，夏季较为集中，但尚有短期干旱。

桃花心木分为大叶桃花心和小叶桃花心两种。桃花心木非常名贵稀有，可同红酸枝木媲美。我国广东、广西和云南大量引种栽培，生长良好。桃花心木生长较缓慢，从广西地区引种情况来看，小叶桃花心生长比大叶桃花心慢。据广西夏石林试站观察，其生长均在6年以后加快，长势转好。

○ 桃花心木经济价值及用途

该树种材色红润，花纹美丽，强度高，坚韧，早期曾用于制造飞机的螺旋桨。现在是世界上最著名高级轿车内饰用材及欧洲高级家具用材，也是室内装饰方面的优质用材，并适用于贴面板和镶嵌板。

• 用小叶桃花心木装饰的高档轿车

第四章　柚木

· 缅甸瓦城柚木全树

· 缅甸瓦城柚木树林

· 老挝柚木树叶

○ 柚 木

中文学名：柚木

科名：马鞭草
(Verbenaceae)，

属名：柚木属

俗称：泰柚，瓦城柚
木，腊戌柚木

拉丁文学名：Tectona
grandis L.F

产地：东南亚的缅甸、
老挝、泰国、印度尼西亚和
非洲的尼日利亚。

· 缅甸瓦城柚木幼树叶

形态特征：

树——落叶或半落叶大乔木，树干圆满通直，高40米左右，胸径1米左右。树干底部多扁或不规则，上圆直。小枝四菱形，具土黄色绒毛。

皮——树皮暗灰褐色，厚1厘米左右。易条状剥离，表皮粗糙。

叶——叶交互对生，厚纸质，倒卵形，广椭圆形或圆形，长30~40厘米，最大可达60~70厘米，宽20~30厘米；上面绿色，多数粗糙，主侧脉及网脉于下面凸起，密布星状或分叉，有紫色小点，幼叶黄红色，深浅不一。

· 缅甸瓦城柚木树花

· 缅甸瓦城柚木果实

花——圆锥花序顶生或腋生，花梗方形；花序阔大，花芳香，花白黄色，秋季开花。

果——坚果，近球形，长1.5~2.5厘米，直径1.8~2.2厘米，藏于不同形状由花萼发育成的种苞内，有内核且壳硬，壳内略有蜡质状，内有种子1~2粒，个别稀有的有3~4粒。

木材特征：

颜色——芯边材区别明显，边材白色，芯材金黄色至黄褐色。

纹路——深褐或栗黑色条纹，纹理颇直。纹路少数有波浪纹和山水纹。上等柚木金黄色中显黄褐至褐黑纹路，密度较大，多数能达到0.66g/cm³以上。缅甸瓦城柚木黄褐至黑褐纹路较多，缅甸腊戊柚木黄褐至黑褐纹路较少，甚至没有。

生长轮——明显。

气味——新切面、截面有较大的辛焦煳味。

气干密度——木材含水率12时，气干密度0.46~0.69g/cm³。

· 缅甸腊戊柚木原木

· 缅甸腊戊柚木原木截面

其他特性——收缩变形极小，不易翘裂，油性极高，手摸板面后手上会留下较多的柚木油。

分布及种类：

柚木主要产于缅甸、泰国、印度尼西亚、老挝，非洲尼日利亚也有分布。但缅甸的柚木无论数量和质量都无可争议地独占世界鳌头，被缅甸政府列为"国宝"，素有缅甸"树王"之称。

缅甸的柚木以区域可分为两类：

一类是下缅甸以瓦城柚木为代表的"瓦城料"，又称"泰柚"或"紫柚"。"泰柚"实际上不来自泰国，泰国近三十年来一直禁止砍伐柚木，从泰国出口的柚木实际上就是缅甸中部、东部的转口柚木。

· 缅甸瓦城柚木制作的实木门

另一类是上缅甸以腊戌柚木为代表的"腊戌料"，又称"金柚"。这两类柚木所生长的土壤、气候、海拔以及树龄均有差异，从纹路、色泽到木质都有差别，价格也有一定的悬殊。最好即"瓦城料"，但腊戌柚木也是较好的柚木，比印度尼西亚和非洲尼日利亚柚木好得多。柚木具有极好的防腐性和防浸泡性，收缩变形极小，油脂较多，有防虫、防酸碱的特点，颜色金黄，有富丽堂皇感。

世界上的柚木按品质分为四类：

第一类"紫柚"。主要产自泰国和缅甸交界地区。业内称为"泰柚"或"瓦城柚木"（也叫"瓦城料"），"紫柚"油性大，黑经纹路多，木质硬度大，颜色深黄褐，是柚木中之极品，切片料接近每立方米10万元。

第二类"金柚"。主要分布在缅甸北部的腊戌和八莫等地。业内称为"金柚"或"腊戌柚木"（也称"腊戌料"），"金柚"油性也大，黑经纹路少或无，木质硬度大，颜色金黄，也是柚木中之极品，切片料接近每立方米8万元。

第三类"白柚"。主要产自印度尼西亚。业内称为"白柚"或"印尼柚木"（也称"印尼料"），"白柚"油性小，黑经纹路少或无，木质硬度中等，颜色白黄，为中等柚木。

第四类"糠柚"。主要来自非洲尼日利亚地区。业内称为"糠柚"或"尼日利亚柚木"（也称"非洲柚木"），"糠柚"几乎没有油性，有黑经纹路，木质较疏松，颜色黄白，是最差的柚木，最好的"糠柚"也没有云南的红西南桦价格高。

○ 柚木主要用途

市场上也有用柚木制作的欧式家具，由于柚木木质相对疏松、密度小、性脆、韧性及硬度不够，即便是缅甸的柚木也很不适合做家具。现在市场上出现了很多用非洲尼日利亚柚木制作的欧式家具，卖价还超过了高等红木家具。黑心商家往往欺骗性地把非洲柚木称为"老柚木"或"泰柚"，这类家具的木质极差，还没有云南红西南桦的木质好，价格也只是云南红西南桦的一半左右。

柚木中含有芦丁、吉非罗齐和高铁质，对心血管疾病有特殊疗效。缅甸柚木历经数百年不腐、不开裂、不变形、不变

· 缅甸瓦城柚木制作的家具

色，非常适宜制作地板、实木门、楼梯和其他家装用材。缅甸柚木呈金黄色带褐色纹路的属于高贵色泽，极富装饰效果，世界上的军舰、豪华游艇的内部装潢主要以缅甸瓦城柚木为主。用柚木做家装，被称为世界上的"顶级装潢"。缅甸柚木硬度适中，收缩小，耐浸泡，有弹性，较舒适，脚感极好，是制作实木地板之顶级木材。

· 缅甸瓦城柚木制作的实木楼梯

· 缅甸瓦城柚木制作的指接、拼板地板

· 缅甸腊戌柚木制作的地板

· 老挝柚木树干

· 缅甸瓦城柚木切面

· 缅甸腊戌柚木切面

· 缅甸瓦城柚木毛坯地板

· 此图从上到下，依次为：
· 印尼柚木
· 老挝柚木
· 非洲尼日利亚柚木
· 缅甸瓦城柚木

第五章　红豆杉

红豆杉

云南怒江生长的红豆杉全树

○ 红豆杉

中文学名：红豆杉

科名：红豆杉

属名：红豆杉

俗称：西南红豆杉、紫金杉、紫杉、赤柏松

学名：Taxus mairei

分布区域：缅甸北部和我国云南、西藏、四川、广西等。云南主要分布丽江、怒江、迪庆和景东、镇康、云龙等地。

• 云南怒江生长的红豆杉树干

· 红豆杉树叶

· 树叶正面

· 树叶反面

形态特征：

树——红豆杉是常绿乔木，小枝秋天变成黄绿色或淡红褐色，树高30米左右，胸径1米以上。属浅根植物，其主根不明显，侧根发达，树干截面近圆形。

皮——树皮薄（4毫米），质硬，不易剥离，外皮浅灰褐色，薄片或狭条状脱落，内皮黄褐色。石细胞不见，韧皮纤维发达，层状。

叶——叶螺旋状互生，叶片条状形。

花——雄球花单生于叶腋，雌球花的胚珠单生于花轴上部侧生短轴的顶端，红色，花期2~3月份。

果——种子可用来榨油，也可入药。种子有2棱，种卵圆形，假种皮杯状，红色。

· 红豆杉花蕾及果实

木材特征：

颜色——具强光泽，心边材区别明显，边材浅黄褐色，芯材浅黄红褐色。

纹路——红色纹路多，有交叉纹，有条纹，也有山水纹和云纹。

生长轮——生长轮很明晰，宽度不匀，呈波浪形曲折，间有伪年轮出现，每厘米4~20轮不等。

气味——微香，微苦。

气干密度——木材含水率12时，气干密度0.6g/cm³左右。

其他特性——结构甚细，均匀，重量硬度中，髓实心。收缩变形小，不易翘裂。木射线细，内含树脂，强度中或低，干燥性好，加工性好，易车旋，切面光滑平整，油漆、胶黏性好，握钉力强，耐腐，耐水浸。

· 红豆杉茶杯

· 红豆杉首饰盒

· 红豆杉木纹切面

○ 红豆杉用途

高级家具、工艺品、文具、玩具、室内装饰、手杖、乐器材、地板材、水下或室外用材、胶合板等。芯材浸泡可提取染料。根部可制根雕。

○ 红豆杉药用价值

茎、枝、叶、根可入药。主要成分含紫杉醇、双萜类化合物，有抗癌功能，并有抑制糖尿病及治疗心脏病的效用。经权威部门鉴定和相关报道，中国境内的红豆杉在提取紫杉醇方面具有一定的含量，尤其以生长环境特殊的东北红豆杉含量最高。独特的气候条件有利于植物体内物质的沉积，如果把东北红豆杉适当南迁可改善生长环境，有利于体内有效成分的合成，提高含量和品质。

· 红豆杉根雕

第六章 香榧木

· 云南怒江直径为 2.5 米的香榧木树干

· 香榧木切面

○ 香榧木

中文学名： 香榧木

科名： 红豆杉

属名： 榧树

俗称： 榧木、香榧、玉榧

拉丁文学名： Torreya grandis Fort. Ex Lindl.

产地： 缅甸北部，我国云南西南部和浙江诸暨等地。

形态特征：

树——常绿乔木，我国原产树种，是世界上稀有的经济树种。高可达35米，树干端直，树冠卵形，胸径达1米以上。冬芽褐绿色常3个集生于枝端。

皮——树皮厚度中等（6毫米），具木栓层，质松软，不易剥离。外皮浅灰褐色光滑。老时浅纵裂，窄条状，内皮浅黄色，石细胞不见，韧皮纤维发达。

· 香榧木树叶

· 香榧木树枝

叶——枝长约15厘米，叶宽约0.5厘米，叶长约4~5厘米，为条状形。

花——雄球花单生于叶腋，雌球花的胚珠单生于花轴上部侧生短轴的顶端，花大多为白色，花期3~4月份。

果——果核呈椭圆形，似橄榄，两头尖。外有硬壳包裹，初期外皮绿色，成熟后干果壳变为黄褐色或紫褐色。大小如橄榄，种实为黄白色。富有油脂和奇香味，其果既是美食又是良药。种子为假种皮所包被，假种皮淡紫红色，被白粉，种皮革质，淡褐色，具不规则浅槽，果熟翌年9月。

木材特征：

颜色——芯边材区别略明显，边材黄白色，芯材鲜黄色，光泽弱。初解料为黄色，然后逐渐变为黄红色。

纹路——纹理细密顺直，纹路不明显。

· 香榧木幼树

· 香榧木树叶反面

· 香榧木树叶正面和干果

· 香榧木早期花蕾

· 香榧木鲜果

· 香榧木早期带青皮果实

· 图左为杉松树叶正面，中为香榧木树叶正面，右为红豆杉树叶正面

· 图左为杉松树叶反面，中为香榧木树叶反面，右为红豆杉树叶反面

· 香榧木根雕

生长轮——生长轮明晰，局部呈微波形，宽窄不一，每厘米3~4轮。

气味——略带苦杏气味，味苦。

气干密度——木材含水率12时，气干密度0.56g/cm³左右。

其他特性——结构中，木材软、轻，强度低至中，品质系数高。加工和旋刨性好，耐腐和耐水浸泡。

○ 香榧木用途

适宜装饰、雕刻工艺品等。大面为径切直纹为佳，为日本及中国古代制作围棋棋盘的首选木材。

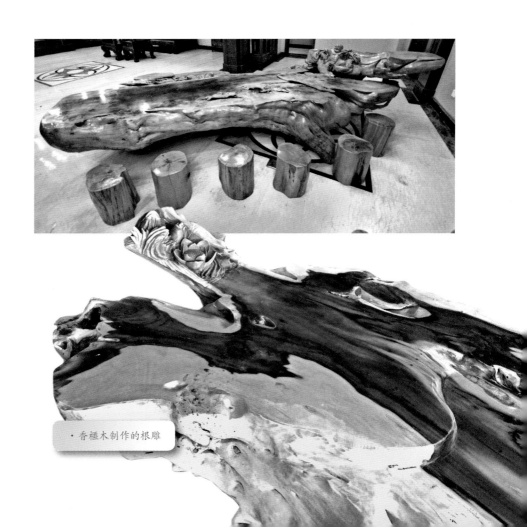

· 香榧木制作的根雕

· 香榧木制作的工艺品、棋盘

黄杨

第七章

○ 黄杨

中文学名： 黄杨

科名： 黄杨

属名： 黄杨

俗称： 小黄杨、雀嘴黄杨、珍珠黄杨、豆瓣黄杨、大叶黄杨

学名： Buxussinica (Rehd.etWils.) Cheng

· 小黄杨工艺品

· 小黄杨树干

分布： 我国安徽、陕西、广西、四川、云南、浙江、贵州、甘肃等地。

形态特征：

树——常绿灌木或小乔木，高可达4~8米。树干短小而不规则。

皮——灰褐色，略粗糙，碎纸皮状。

· 小黄杨树枝树叶

叶——枝叶攒簇上耸，叶似初生槐芽。叶革质，卵状椭圆形或长圆形，大多数长1.5~3.5厘米，宽0.8~2厘米，先端圆或钝，常有小凹口，不尖锐，基部圆或急尖或楔形，叶面光亮，中脉凸出，下半段常有微细毛，侧脉明显，叶背中脉平坦或稍凸出，中脉上常密被白色短线状钟乳体，全无侧脉，上面被毛。

花——花序腋生，头状，花密集，花序轴长3~4毫米，被毛，苞片阔卵形，长2~2.5毫米，背部多少有毛；雄花：约10朵，无花梗，外萼片卵状椭圆形，内萼片近圆形，长2.5~3毫米，无毛，雄蕊连花药长4毫米，不育雌蕊有棒状柄，末端膨大，高2毫米左右（高度约为萼片长度的2/3或和萼片等长）；雌花：萼片长3毫米，子房较花柱稍长，无毛，花柱粗扁，柱头倒心形，下延达花柱中部。花期3月份。

果——蒴果近球形，长6~8厘米，宿存花柱长2~3厘米。果嫩时呈浅绿色，向阳面为褐红色，种子近圆球形，11月份成熟，成熟时果皮自动开裂。果期5~6月份。

木材特征：

颜色——芯边材区别不明显，边材白色，芯材蛋黄色和象牙色。

纹路——木质细腻，纹理细密，纹路不明显。

57.

·大黄杨树干

生长轮——不明显。

气味——新切面带有清香味。

气干密度——木材含水率12时，气干密度0.93~1.19g/cm³。

其他特性——生长慢，耐修剪，抗污染。收缩变形小，不易翘裂。黄杨木质坚硬柔韧、很重，质地极细腻、光滑润洁，木色呈淡黄色，似象牙，因此又有"象牙黄"和"象牙木"之称，上等木料色如蛋黄。黄杨分为小叶黄杨、大叶黄杨和白杨三种。其中小叶黄杨生长较慢，木质最重最黄，是上品黄杨。砍伐黄杨木极为讲究，唐代段成式《酉阳杂俎》记载："世重黄杨木以其无火也，用水试之，沉则无火。凡取此木，必寻隐晦夜无一星，伐之则不裂。"

· 大黄杨树干

· 大黄杨嫩叶

· 大黄杨树枝树叶

· 大黄杨花蕾

· 小黄杨树叶反面

· 大黄杨树叶反面

·大黄杨树枝树叶反面

○ 黄杨用途

　　黄杨木是非常珍稀的木材，由于生长极为缓慢，难成大料，难以制作大型家具。其木质坚韧，色泽艳丽，故多作镶嵌雕刻。明代及清前期制作的家具，黄杨是作为重要辅料来使用。明清家具上有很多镶嵌了黄杨贴雕，起到了画龙点睛，锦上添花的奇效。黄杨多数镶嵌在深色紫檀木家具上，颜色对比强烈，十分美观。南方沿海一带，镶嵌箱盒类家具。如制作窗心雕花和木框之类的挂匾雕饰也多选用黄杨。黄杨适宜刻雕小型陈设品、制作木梳或文房用具，所用黄杨以直而圆且无节疤者为佳，制成的木雕古朴雅致，年代愈久，色泽愈深。

·小黄杨树叶正面

·大黄杨树叶正面

第八章　铁力木

· 铁力木全树

·铁力木树干

·铁力木木纹切面

○ 铁力木

中文学名： 铁力木

科名： Guttifeyae（山竹子）

属名： 铁力木

俗称： 铁梨木、铁栗木、金车花梨

学名： Mesua ferrea Linn

分布： 东南亚各国，缅甸和老挝最多，我国云南、广西也有分布。

形态特征：

树——常绿大乔木，树高达30余米，胸径达1~2米。

皮——树外皮为浅灰褐色，树皮中厚，不易剥离，表皮略平滑。

叶——嫩叶红色，老叶油绿色。叶交互对生，叶片较窄长，叶片长10~13厘米，宽2~3厘米，枝叶浓密，很美观。

花——花两性，单生于叶腋或枝顶，花梗长3~5毫米，花大，直径4~5厘米，萼片4~2列，外面两片较小，花瓣有4瓣，黄色，倒卵形，长约3.5厘米。雄蕊占多数，成2~7轮，花丝细长，短于花柱，子房2室，每室有胚珠2粒，花柱丝状，柱头盾形。

· 铁力木树根

·铁力木树枝

　　果——9~10月上旬成熟。熟时果皮外表转褐色，果近似桃形，果壳外表不平展，坚硬，具多数纵状皱纹，基部有萼片和花瓣的下半部包围，2或4瓣裂。果径2~3厘米，先端尖，每果内有种子1~3粒，背面凸起，两侧平坦。种子棕褐色，种壳坚硬光滑，形态多样，为扁桃形、半圆形等多种不规则状，种子一侧及种脐处明显下凹，宽1.7~2.3厘米，厚1~1.6厘米，长2~2.9厘米。种子含油率高，油脂可供制皂等用。

木材特征：

颜色——芯边材区别明显，边材白色，芯材浅粉褐色。

纹路——有深褐或栗黑色条纹，纹理相似花梨木,有绞织纹。

生长轮——明显。

气味——新切面、截面有较大的辛清香味。

气干密度——木材含水率12时，气干密度0.78~1.09g/ cm^3。

其他特性——材质坚硬，收缩变形小，不易翘裂，油性极高。

○ 铁力木用途

色、纹、木质都与花梨木相似。材质坚韧，耐腐耐磨，刨面光滑，为国家一级珍贵树种，供制作高级家具、乐器、特殊工艺品等用材。

· 铁力木树叶正面

· 铁力木树叶

· 铁力木树叶反面

· 铁力木果实

· 铁力木成品地板

· 铁力木半成品地板

柏木

第九章

· 云南柏木全树

· 云南柏木树皮

◯ 柏木

中文学名： 柏木

科名： 柏木

属名： 柏木

俗称： 香柏、柏树、桧木、扁柏

拉丁学名： CupressusfunebrisEndl.

分布： 东南亚靠北地区和我国江西、湖南、湖北、贵州、云南、四川等地。

· 云南柏木树叶

· 云南柏木树干

形态特征：

树——常绿乔木，高可达30米，胸径0.8米左右，树冠圆锥形。小枝叶扁平，细长且下垂。小枝上着生鳞叶而成四棱形或圆柱形，个别稀有的呈扁平状。

皮——外皮灰褐色，长条状浅纵裂。树皮薄（4毫米），质松软，易条状剥离。内皮褐色，韧皮纤维极发达，薄片层状分离，内外皮不易区分。树皮幼时红褐色，老年树褐灰色，纵裂成窄长条片。

·越南柏木全树

· 越南柏木树叶

叶——鳞叶交互对生，排成平面，两面相似。鳞叶先端锐尖，偶有刺形叶，中部叶背有腺点。

花——球花雌雄同株，单生枝顶，雄球花长椭圆形，黄色，有雄蕊6~12株，每雄蕊有花药2~6枚。花期3~5月份。

果——球果卵圆形，径8~12毫米，种鳞4对，发育种鳞有种子5~6粒。种子近圆形，两侧具窄翅，淡褐色，有光泽。球果翌年5~6月份成熟。

· 越南柏木树干

· 越南柏木种子

木材特征：

颜色——芯边材区别不明显，边材白色，芯材暗红褐至紫红褐。木材光泽强。

纹路——黄色条纹明显，纹理直，纹路多。

生长轮——生长轮明显，宽度不均，每厘米10~15年轮以上，偶有假年轮出现。

气味——清香气浓。

气干密度——木材含水率12时，气干密度0.59~0.75g/cm^3。

其他特性——材质优良，结构细，耐腐。收缩变形极小，不易翘裂，髓实心。

中国栽培柏木历史悠久，常见于庙宇陵园，木材为有脂材，结构细而匀，重量和硬度为中等。强度中，品质系数高。我国主要分布在长江流域及以南地区，垂直分布主要在海拔300~1000米之间。东南亚各国均有分布，越南和我国台湾地区较多，品质也最好，俗称"越桧"、"台桧"。

根据柏木心材、边材颜色深浅、材质好坏、加工难易而分为油柏、黄心柏和糠柏三种。柏木分布较广，种类较多。

○ 柏木用途

主要用于高级家具、家庭装饰、雕刻工艺品。根材可提取精油，可作香皂香料。

· 西藏柏木全树

· 西藏柏木树干

• 西藏柏木树叶正面

• 西藏柏木树叶反面

· 云南柏木切面木纹

· 越南柏木木纹

· 用越南柏木制作的吊顶

· 用西藏柏木雕刻的工艺品

· 云南榉木树干树根

○ 榉木

中文学名：榉木

科名：榆

属名：榉

俗称：大叶榉、椐木、椇木

外文名：Z.schneideriana

分布：亚洲主要分布在我国江苏、浙江和安徽等地区，云南和广西也有分布。

形态特征：

树——为落叶乔木，树高30米左右，胸径1米左右，树干直而圆。

皮——树皮坚硬，灰褐色，有粗皱纹、小突起和有胶质沉积物。老龄榉木树皮似鳞片般剥落。

叶——枝细，叶互生，排为两列，椭圆状卵形，叶质稍薄，单锯齿，羽状脉，有毛，叶柄甚短。

花——春天开淡黄色小花，单性，雌雄同株。

果——花后结呈三角形的小果实。

· 云南榉木树叶正面

· 云南榉木树叶反面

· 欧洲山毛榉木纹　　　　　　　　· 云南榉木木纹

木材特征：

颜色——芯边材区别不明显，边材白色，芯材白黄色。

纹路——纹理颇直，浅纹路。

生长轮——明显。

气味——无明显气味。

气干密度——木材含水率12时，气干密度0.45~0.67g/cm^3。

其他特性——收缩变形中，易翘裂，无油性，材质强度中等。

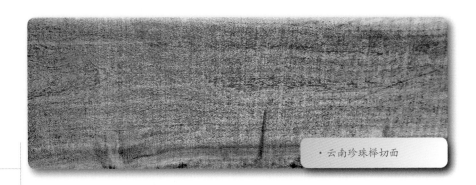

· 云南珍珠榉切面

其他地区分布：

　　榉木欧洲更多，品质比中国的好。欧洲榉木分黄榉和血榉两种。材带赤色者为"血榉"，材带白黄色者为"黄榉"。欧洲的榉木又称之为"山毛榉"，英国、法国、德国、罗马尼亚、丹麦、波兰和捷克都有，而且产量很大。目前，我国国内木材市场出售的榉木多为进口，产地为欧洲和北美地区，木质性能稳定，属于中高档次的地板、楼梯、线条和家具用材。欧洲山毛榉和我国云南榉木有很大区别，不是一种木材。欧洲山毛榉板面有很多米粒大小的点状纹，而云南榉木有褐色纹路，通常为直线纹，没有点状纹。我国四川和广西的山毛榉板面也有很多米粒大小的点状纹，榉木则没有。

○ 榉木种类及用途

　　榉木按颜色分为血榉、黄榉、白榉等，其中以老龄芯材呈红褐色的血榉最为名贵。榉木坚固，抗冲击，蒸汽干燥易弯曲，握钉性能好，但是易开裂，收缩也大。榉木木质紧密重量重，木纹细且较直。榉木为江南特有的木材，纹理清晰，木材质地均匀，色调柔和流畅。比普通硬木都重，在所有的木材硬度排行上属于中上水平。榉木缺点是在窑炉干燥和加工时容易变形开裂。榉木优点是木色漂亮，有天然美丽的大花木纹。芯边材区别不明晰或微明。木材呈白色或极浅的黄褐色，放置时间长转为浅红褐色，木质细致、均匀。宽木射线显著，在纵切面上尤为显著。浅色的背景上显有深色的条纹或斑纹。材质随生长条件的不同而有较大的变异。木材干燥迅速，性质良好。榉木含水率12时，气干密度为0.6g/cm³左右。榉木是我国当代最常见的实木地板和楼梯使用木材，又是优良家具用材，还可供造船、建筑、桥梁等用。在中国长江流域和南方各省都有生长，是中国明清时期民间家具主要的用材，江南有"无榉不成具"的说法。榉木虽不属华贵木材，但在明清民间传统家具中使用极广。榉木家具多为明式，造型及制作手法与明清红木家具基本相同，具有相当的艺术价值。

　　榉木材质经久耐用，纹理美丽有光泽，其中有一种带赤色的老龄榉木被称为"血榉"，是榉木中的佳品，还有一种木纹似山峦起伏的"宝塔纹"的榉木，常常被嵌装在家具的显目处。在明清白木家具中，榉木家具浅淡的色泽最接近香枝木的家具，以苏式家具最多，做工也与香枝木家具相同。

·云南榉木板材

第十一章　枫木

· 云南三角枫全树

○ 枫木

中文学名： 枫木

科名： 槭树

属名： 槭树

俗称： 三角枫、五角枫、槭木

外文名： ACERSaccharum

分布： 北美洲、欧洲、非洲北部、亚洲东部和中部

・云南三角枫树根

・云南三角枫树干

形态特征：

树——落叶乔木，树高30米左右，胸径0.6米以上，树干直而圆。

皮——树皮白褐色，树皮中厚，表皮粗糙。

叶——枫叶一般为掌状五裂，也叫五角枫。叶长13厘米，宽略大于长，5片最大的裂片具少数突出的齿，基部为心形，上面为中绿至暗绿色，下面脉腋上有毛，秋季变为黄色至橙色或红色。还有一种为羽状三裂，也叫三角枫，叶性差不多。加拿大把枫叶作为国家的象征，把枫叶作为国徽上的图案，国旗正中绘有三片红色枫叶，国歌为《枫叶·万岁》。

木材特征：

颜色——芯边材区别不明显，边材白色，芯材呈白灰至白灰红色。

纹路——纹理交错，有鸟眼状或虎背状花纹，花纹图案漂亮。

生长轮——不明显。

气味——不明显。

气干密度——木材含水率12时，气干密度0.48~0.69g/cm^3。

· 云南三角枫树叶正面

· 云南三角枫树叶反面

其他特性——结构甚细而均匀，质轻而硬度中，容易加工，切面欠光滑，干燥时易翘曲。油漆涂装性好，胶合性强。

分布：

亚洲主要分布在东部和中部。我国分布辽宁、云南、四川、长江以南及台湾地区。

· 红色为云南怒江三角枫叶正面，绿色和黄色为五角枫叶正面

· 四川峨眉山五角枫树干

· 四川峨眉山五角枫树叶正面

· 四川峨眉山五角枫全树

· 四川峨眉山五角枫树根

· 云南怒江三角枫叶

○ 枫木种类及用途

· 云南枫木地板

枫木在全世界有150多个品种，分布极广。枫木按照硬度分为两大类，一类是硬枫，也称为白枫，另一类是软枫，也称为红枫。枫木中最著名的品种是产自北美的又称为"糖槭"和"黑槭"的枫木，俗称"加拿大枫木"。枫木木材硬度适中，光泽良好，花纹图案十分漂亮，常现鸟眼状或虎背状花纹，是高档装修木材。枫木在美国和欧洲有悠久历史，早期是飞机螺旋桨的用料，至今，仍是家具、地板、运动器材的高档用材。枫木历来是我国纺织厂的纱锭和皮鞋厂的鞋楦的专用木材。当然由于产地差异和品种差异，有的国产枫木材质偏软，结构疏松，花纹不明显，光泽差，与欧美产的枫木有差距。我国产自云南怒江与缅甸交界的枫木也有鸟眼状或虎背状花纹，也同样是上品枫木。这一带的枫木被当地林农又分为五角枫和三角枫。主要用于制作家具、地板、楼梯、实木门、胶合板贴面等。

· 加拿大枫木切面

· 加拿大枫木板材

· 加拿大枫木实木地板

第十二章　核桃木

·云南漾濞太平大村野核桃树枝树干

○ 核桃木

中文学名：核桃

科名：核桃

属名：核桃

俗称：胡桃木、万岁子、长寿果等

外文学名：Juglans regia

分布：我国云南、四川、贵州、陕西、新疆及西北大部分地区

· 云南漾濞铁核桃树枝

形态特征：

树——落叶大乔木，树高20~30米，胸径0.8~1.5米。树干凸凹弯曲，广伞状枝叶，枝杈多，大枝多。

皮——树外皮较粗糙，灰黑色，树皮厚，易大条状剥离，平行深纵裂，内皮黄褐色，石细胞层状排列，韧皮纤维发达、柔韧，易层状分离。

叶——叶互对生，叶片大，较薄，长椭圆形，叶片宽5~6厘米，长10~14厘米，叶枝长30~35厘米。

花——花绿色，长条形，长10~15厘米，花期3~5月。

果——桃形，内有核桃仁四瓣，可吃，高营养，也是种子。

木材特征：

颜色——边材白黄色至浅黄褐色，心材栗褐色，有的甚至带紫色，心边材区别明显。

纹路——深褐或栗黑色纹理，纹路颇直，间杂有黄褐深色条纹，少数有波浪纹、虎皮纹和山水纹，纹路漂亮。野核桃木色更浅一些。

生长轮——明显。

气味——新切面、截面有较大的辛辣微涩味。

气干密度——芯材含水率12时，气干密度0.49~0.69g/cm^3。

· 云南漾濞太平大村泡核桃冬季全树貌图

· 云南泡核桃嫩树枝树叶

其他特性——芯材收缩变形中，易翘裂，易变形。木材轻，材质中硬，有韧性，木色匀称，边材芯材区别大，有光泽。

○ 核桃木用途

属珍贵商品材，用于枪托材、高级家具、室内装饰、箱盒和雕刻等。

· 云南泡核桃青果

· 云南漾濞蒙字成林场泡核桃幼树树干

· 云南野核桃木切面

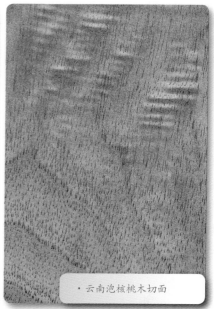

· 云南泡核桃木切面

· 云南野核桃木枋材

· 云南野核桃树叶

· 云南野核桃青果

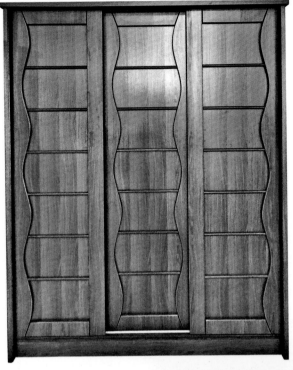

· 云南野核桃木制
作的家具

· 缅甸褐榄仁树枝

褐榄仁

第十三章

· 缅甸褐榄仁树叶

○ 褐榄仁

中文学名： 褐榄仁

科名： 使君子

属名： 褐榄仁

俗称： 乌木、黑木、黑檀、黑紫檀

外文学名： Termninalia Catappa

分布： 印度、马来西亚、越南、老挝、菲律宾、缅甸、太平洋诸岛等。我国云南靠近缅甸的地区也有分布。

形态特征：

树——落叶乔木，树高30~40米，胸径0.8米以上，干粗壮，枝条水平轮生，老树根部会有板根、翅膀根的现象。近顶部密被棕黄色的绒毛，具有密而明显的叶痕。

皮——树皮褐黑色，纵裂呈剥落状，树皮中厚，不易剥离，表皮具规则的浅纵裂，粗糙。日晒后易小块脱落。内皮红棕色，韧皮纤维较发达。

叶——叶大，互生，常密集于枝顶，形状似倒立的提琴，叶片表面光滑，长达20厘米以上。叶柄短而粗壮，被毛，叶片倒卵形。

花——穗状花序长而纤细，腋生，长15~20厘米，雄花生于上部，两性花生于下部；苞片小，早落；花多数为绿色或白色，外面无毛，里面被白色柔毛，萼齿5枚，三角形，与萼筒等长；雄蕊10枚，

· 缅甸褐榄仁树干

· 褐榄仁木纹

长约2.5厘米，伸出萼外；花盘由5个腺体组成，被白色粗毛；子房圆锥形，幼时被毛，成熟时近无毛，胚珠2颗，倒悬于室顶。花期3~6月。

果——外形状似橄榄，种仁富含油脂。果皮木质，坚硬、无毛，成熟时青黑色；种子1颗，长圆形。果期7~9月。

木材特征：

颜色——芯边材区别明显，边材黄白色，芯材黑褐色。

纹路——纹理略交错，纹路直的多，间有黄白色条纹。

生长轮——略明晰。

气味——无明显气味。

气干密度——木材含水率12时，气干密度0.56~0.79g/cm³。

· 褐榄仁半成品家具脚料

· 褐榄仁地板

· 褐榄仁指接地板

· 褐榄仁原材

○ 褐榄仁木材用途及其他特性：

褐榄仁目前市场销量很大。褐榄仁适用于轻型骨架、地板、胶合板、家具、室内装修、细木工制品等。

树种类及其他特性：

褐榄仁和榄仁木树种和产地很多，东南亚主要常用的有褐榄仁、大翅榄仁、艳榄仁、油榄仁、阿江榄仁和毛榄仁六种。其中还是褐榄仁最受市场欢迎，储蓄量、供应量最大。从众多的种类分类中，榄仁木常常主要按颜色分为褐榄仁、黄榄仁及红榄仁三类。褐榄仁属于抗风耐潮的阳性树种，当秋末进入初冬时，树叶由绿色转为红色，是秋、冬时节最迷人的盛景，落叶后展现出苍劲枝干的生命力，雄伟壮丽。而初春来临时，嫩绿明亮的叶片又会带来新的生机。非常适合做为庭园观赏树种，它生性极强亦可做为海岸绿化树种。具树胶，具光泽，结构中，质重硬，强度

高。刨、锯加工略难，切面略起毛，砂光、油漆、胶黏及握钉性能中。耐腐，干燥略有开裂。褐榄仁同条纹乌木相近，常常有家具经销商把它冒充条纹乌木来卖。不同的只是，褐榄仁的色偏灰黑，纹路不清晰，条纹乌木色透黑亮，纹路明晰，更漂亮。这些区别如果做成了家具，加了色上了漆，业内也很难分清楚。

·褐榄仁家具半成品

·褐榄仁家具成品

103.

东南亚主要常用的有褐榄仁、大翅榄仁、艳榄仁、油榄仁、阿江榄仁和毛榄仁六种。

· 毛榄仁全树

· 毛榄仁树叶正面

· 毛榄仁树叶反面

· 毛榄仁树根

· 油楠仁全树

·油榄仁树干

·油榄仁树根

· 油榄仁嫩树叶正面

· 油榄仁树叶反面

· 油榄仁嫩树叶反面

· 油榄仁树叶正面

· 大翅榄仁树根

· 大翅榄仁全树

阿江榄仁全树

· 阿江榄仁树叶树干

· 阿江榄仁树根

•阿江榄仁树叶正面

•阿江榄仁树叶反面

· 艳榄仁树干

· 艳榄仁全树

・艳榄仁树叶正面

・艳榄仁树叶反面

第十四章 任嘎漆

・越南任嘎漆树干

○ 任嘎漆

中文学名： 任嘎漆

科名： 漆树

属名： 胶漆树

俗称： 大叶红檀、漆木、南洋漆、大漆树

外文学名： Gluta spp.Melanochyla spp.Melanorrhoea spp

分布： 缅甸、越南、马来西亚和印尼等东南亚地区。我国云南的德宏、西双版纳、文山也有零星栽培。

·越南任嘎漆树叶

· 越南任嘎漆木纹

· 越南任嘎漆树芯

形态特征：

树——落叶乔木，树高约30米左右，胸径可达1米左右。

皮——树皮厚约0.5厘米，质硬，脆性，易长条状剥离。外皮红褐至黑褐色。具规则浅纵裂，易片状脱落。内皮红褐色，韧皮纤维发达，石细胞颗粒状，层状排列。常有黑色树液渗出，对皮肤有刺激性，易引起斑疹。

叶——叶片厚，叶对生，长椭圆形或长卵状形，基部楔形，全缘，无毛，叶柄短。

花——花数朵生于叶腋，花冠白色。

果——有月牙形大果荚，长15厘米左右，宽6厘米左右，荚内有5~7颗种子，种子为长椭圆形，短半轴长2厘米，长半轴长3.5厘米，分为果把托和种子两段，果把托坚硬可雕图章。

木材特征：

颜色——芯边材区别明显，边材很厚，芯材鲜红色至深红色。

纹路——纹理直或略交错。

生长轮——明显。

气味——无明显气味。

气干密度——木材含水率12时，气干密度0.68~0.88g/cm³。

其他特性——胶漆树属约有13种树种。芯材具有丰富的红色树胶，材身常渗出刺激性树液。木材弦切面放大镜下可见含横向树胶道的纺锤形射线。木材具金色光泽，结构中至略细，材质中至重硬，强度高，干缩小。含硅石，切削难，切面光滑，油漆和胶黏性良好，难于钉钉，抓钉力强。略耐腐，干燥缓慢，略有翘曲。

○ 任嘎漆用途

主要适用于优质家具、镶嵌板、刨切单板、胶合板、地板、家庭装饰及工具柄等。

·越南任嘎漆家具

木果缅茄也属于漆树科漆树属的名优木材

· 木果缅茄种子

· 木果缅茄树枝

· 木果缅茄树根

· 木果缅茄树叶正面

· 木果缅茄树叶反面

第十五章　铁线子

• 印度尼西亚铁线子全树

· 印度尼西亚铁线子树枝

○ 铁线子

中文学名：铁线子

科名：蝶形花

属名：铁线子

俗称：红檀、樱檀、大叶红檀

外文学名：Manilkara merrilliana

分布：印度尼西亚和东南亚靠近南部地区

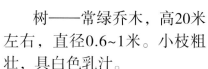

・铁线子木纹

形态特征：

树——常绿乔木，高20米左右，直径0.6~1米。小枝粗壮，具白色乳汁。

皮——树皮厚0.8~1.3厘米，质硬，较脆，不易剥离。外皮红褐色至黑褐色。表面粗糙，具有规则的深纵裂，易呈窄条片状剥落。内皮紫红色至浅黄褐色。韧皮纤维发达，易成麻丝状。

叶——叶片厚，倒卵形或倒卵状椭圆形，顶端微缺。

花——花数朵生于叶腋，花冠白色，6裂。

果——果为浆果，长1~1.5厘米，成熟时黄色，内有种子1~2个，种子长椭圆形，褐色，含油量25%。

木材特征：

颜色——芯边材区别明显，边材黄白色，芯材大红色至褐红色，近似红酸枝木颜色。

纹路——深褐或栗黑色条纹，纹理颇直、窄。

生长轮——略明显。

气味——无明显气味。

气干密度—木材含水率12时，气干密度0.75~0.86g/cm³。

其他特性——材色、纹皆近似红酸枝木，同红酸枝

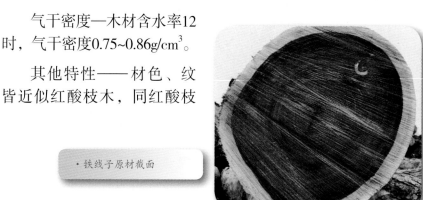

・铁线子原材截面

木比，只是铁线子的色偏红，纹路更窄更直，重量更轻。铁线子外皮深红色，表面粗糙，具有规则的深纵裂。弦向线状的薄壁组织细而密集，分布均匀，常与木射线构成网状，材质重硬，易开裂。

○ 铁线子材质及用途

具光泽，味微苦。芯边材区别大，纹理直至略交错，具不规则黑条纹，结构甚细、均匀，重硬至甚重硬，强度高，加工略困难，切面光滑。耐腐，干燥略难，易断裂和面裂。气干密度0.75cm³~0.86cm³，木材甚重硬，直纹理，材质细习，耐腐耐磨，抗白蚁，干缩较少，较稳定，适用于高级地板、木制品。适用于强度大和耐久的场合，主要为矿柱、码头木桩、桥梁、高级家具、工具柄、车工制品等。

"红檀"家具：

近几年"红檀"家具相当多，在市场上常用来冒充红酸枝木或按真红木家具来出售。"红檀"是俗称，在国标红木中，"红檀"不在列，所以说"红檀"家具不是红木家具。但是，"红檀"还是木质相对比较好的硬木家具。目前制作"红

·铁线子板材

·铁线子原材

檀"家具的木头主要有三种：东南亚两种，学名分别为任嘎漆和铁线子；非洲一种，学名为红铁木豆。东南亚的任嘎漆和铁线子又称为"大红檀"或"大叶红檀"；非洲的红铁木豆又称为"小红檀"或"小叶红檀"。这三种木材材质相近。铁线子和红铁木豆同科同属，芯边材都区别明显，芯材都为红褐色，都具不规则黑条纹，纹路较直较窄，边材都为浅白黄色，材质比任嘎漆好一点。任嘎漆芯边材区别也明显，只是芯材偏黄红，边材也为浅白黄色，区别最大的是，纹路不是黑条纹，而是黄白纹，纹路具宽纹。家具价格比红铁木豆制作的要略低一点。

• 铁线子制作的家具

第十六章　楠木和　黑心楠

○ 楠木

中文学名： 楠木（黑心楠）

科名： 樟

属名： 楠

俗称： 金丝楠、黑心楠、金丝柚、黑心木莲

· 云南盈江黑心楠全树

拉丁学名：Phoebe zhennan S. Lee et F.N.Wei

分布：缅甸北部、我国南方诸省均有分布

形态特征：

树——常绿大乔木，高可达30米，直径1米，树干直，枝下树干高15米。幼枝有棱，被黄褐色或灰褐色柔毛，2年生枝黑褐色，无毛。

皮——树皮中厚，外皮灰褐色，不规则浅裂，呈碎片块状脱落，皮孔圆形，内皮黄褐色。

叶——叶长圆形，叶革质，长圆状倒披针形或窄椭圆形，长5~11厘米，宽1.5~4厘米，先端渐尖，呈镰状，基部楔形，上面光亮无毛，沿中脉下半部有柔毛，侧脉约14对。叶柄纤细，被黄褐色柔毛。

花——圆锥花序腋生，被短柔毛；花被裂片6片，椭圆形，近等大，两面被柔毛；发育雄蕊9枚，被柔毛，花药4室，第3轮的花丝基部各具1对无柄腺体，被柔毛，三角形；雌蕊无毛，子房近球形，花柱约与子房等长，柱头膨大。花期5~6月份。

· 云南盈江黑心楠树根

· 云南盈江黑心楠树干

• 云南怒江黑心楠树干树枝

果——果序被毛；核果椭圆形或椭圆状卵圆形，成熟时黑色，花被裂片宿存，紧贴果实基部。果期10~11月份。

木材特征：

颜色——芯边材区别明显，边材白色，芯材金黄色至黄褐色。

纹路——深褐或栗黑色条纹、纹理斜或交错，板面漂亮。纹路直的多。

生长轮——明显。

气味——微涩辛辣味。

气干密度——木材含水率12时，气干密度0.45~0.65g/cm^3。

· 普通黑心楠木纹

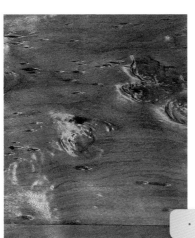

· 高级黑心楠瘤结纹

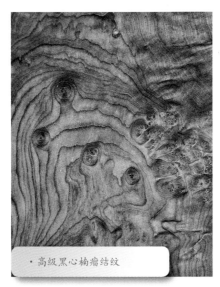

· 高级黑心楠瘤结纹

· 云南盈江黑心楠树叶正面

其他特性：

楠木为我国特有，是驰名中外的珍贵用材树种。楠木又是濒危树种，国家Ⅱ级重点保护野生植物（国务院1999年8月4日批准）。收缩变形小，不易翘裂，无油性。结构甚细、均匀，重量、硬度、强度为中等，云南、四川有大量天然分布，是构成常绿阔叶林的主要树种。由于历代砍伐利用，致使这一丰富的森林资源近于枯竭。现存多系人工栽培的半自然林和风景保护林，在庙宇、公园、庭院等处尚有少量的大树，但病虫危害较严重，也相继衰亡。

楠木材质优良，用途广泛，是楠木属中经济价值较高的一种。又是著名的庭园观赏和城市绿化树种。楠木是一种高档木材，其色浅褐黄，纹理淡雅文静，质地湿润柔和，收缩性小，遇雨有阵阵幽香。南方诸省均产。明代宫廷曾大量伐用。现北京故宫和天安门以及很多上乘古建筑多用楠木构筑。

· 黑心楠原材截面

· 黑心楠枋材

· 黑心楠地板毛坯

· 黑心楠半成品地板

· 黑心楠成品地板

楠木种类：

楠木树种很多，一般按颜色可分为三类：

即黑楠木、黄楠木和白楠木。黑楠木叫黑心楠或黑心木莲，黄楠木叫黄心楠或黄心木莲，白楠木叫白心楠或白心木莲。

黑心楠是楠木中的上品。最好的是来自缅甸北部靠近我国云南省陇川和盈江一带的黑心楠，树龄在120年以上。在云南木材市场的常用商品名称中有黑心木莲、黑心楠之称。因其面板颜色近似柚木，故在上海、广州、北京一带木材市场中被冠名为"金丝柚"。目前我国南方人工种植最多的是普文楠。

○ 黑心楠用途

木质中硬耐腐，寿命长，用途广泛。属一类商品材，适用于建筑、高级家具、船舶、车厢、室内装饰、胶合板、军工用材等。

· 黑心楠独板大茶桌图

・普文楠全树

• 普文楠树干

· 普文楠树叶正面

· 普文楠树叶反面

· 普文楠树根

第十七章 西南桦

·云南普洱西南桦全树

○ 西南桦

中文学名： 西南桦

科名： 桦木

属名： 桦木

俗称： 桦桃木、樱桃木

外文学名： Betula alnoides Buch Ham.

主要分布：

缅甸北部、我国云南和广西的热带、亚热带地区。

· 云南普洱西南桦树干

·西南桦树叶

·西南桦嫩叶

形态特征：

树——落叶乔木，高可达30米，胸径0.5~1米。西南桦树干通直高大，尖削度小，分枝高，干材中无死活节，材质较平滑和标直。

皮——外皮褐红色，皮中厚，质坚韧，不易剥离。横向开裂呈不规则排列，表皮粗糙而且层状可剥离，纸片状脱落，内皮黄褐色，石细胞层状。

叶——叶卵形至卵状椭圆形，长6~9厘米，先端锐尖，基部圆形，缘有大小不等重锯齿，齿间有腺，上面无毛或微有毛，背面疏生柔毛。似桃叶，嫩叶红绿色，中期绿色，老叶又变为黄红色。

花——花粉红色，径约1.5~2.5厘米，萼筒有毛；3~6朵簇生成总状花序。花近似桃花，开花期3~5月份，先叶后开放。

果——果近球形，径1~1.5厘米，深红色。果5~6月份成熟。种子成熟期短，一般种熟10天左右即散落，因此采种要及时。当果穗由青变黄褐色时即为成熟。采种宜连同果穗一起剪下，经3~5天阴干后种子会自动从果穗上脱落，获得干净种子，置冰箱内冷藏，待播种时取出。

木材特征：

颜色——芯边材区别不明显，边材白色，芯材白红色或红褐色。

纹路——纹路直的多。纹路色泽漂亮。

生长轮——略明显。宽度略均匀。

气味——不明显不特殊。

气干密度——木材含水率12时，气干密度0.48~0.67g/cm³。

·云南普洱西南桦树叶反面

·云南普洱西南桦树叶正面

·西南桦树花

· 西南桦原材

其他特性：

西南桦材表有细纱纹，髓实心。具光泽，结构细致。体积干缩系数为小至中等，弦向干缩较小，硬度适中，不翘曲不变形，易干燥，速度快。易切削、刨、旋，弯曲性能好。油漆性、胶黏性、着色性均好。抓钉力大，但易钉裂。不甚耐腐，但易作防腐处理。

西南桦是北半球桦木科属分布最南的一个树种。西南桦天然林主要集中在缅甸北部、云南和广西的热带、亚热带地区。

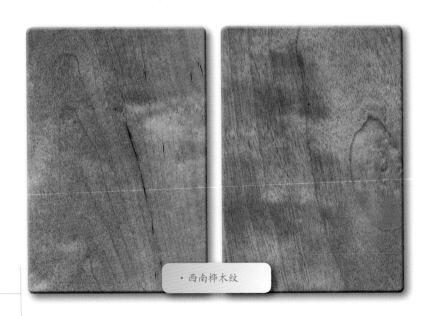

· 西南桦木纹

从滇西至桂西的各大山脉、河流流域，包括高黎贡山、澜沧江流域、无量山、哀牢山、元江流域、南盘江流域的南部地区、左右江和红河流域等均有西南桦分布。海南岛、四川德昌一带、滇西北地区、西藏墨脱地区、印度的喜马拉雅山地区以及尼泊尔等地区，西南桦都有分布。四川和西藏一带的被业内俗称为"西北桦"。"西北桦"木色较白木质较差。

· 西南桦拼板地板半成品

· 西南桦拼板家具

○ 西南桦用途

　　西南桦是地板、实木门、楼梯、线条等家庭装修的中等用材。西南桦制作的地板和装修材料深受日本人欢迎，近十年来西南桦地板和装修材出口日本量很大。西南桦易加工，旋切面光滑，油漆及胶黏性良好，具有一定的耐腐性，又可用于制作家具。西南桦还是较好的胶合板面材。由于材质优良，近年来成为木地板和室内装修等热门材料，市场供不应求。西南桦树皮还可作栲胶原料，含单宁6.96%，纯度57.66%，树皮中含有的芳香物质可提取水杨酸钠，可用于医药工业方面。

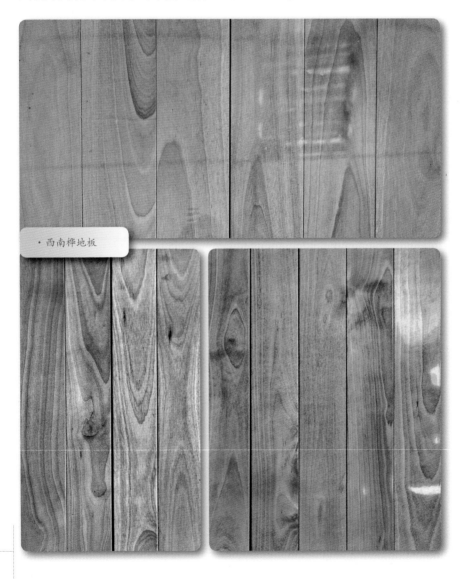

· 西南桦地板

第十八章　樟树

○ **樟树**

中文学名：樟树

科名：樟

属名：樟

俗称：香樟树、樟木、芳樟树、油樟、乌樟

拉丁学名：Cinnamomum Camphora(L.) Presl.

分布：我国福建、江西、广东、云南等，缅甸北部也有分布。

形态特征：

树——常绿乔木，但樟树的常绿不是不落叶，而是春天新叶长成后，上年的老叶就开始脱落，所以一年四季都呈现绿意盎然的难得景象。樟树高可达30米，树龄成百上千年，可称为参天古木。为优秀的园林绿化树木。

皮——树皮幼时绿色，平滑，老时渐变为黄褐色或灰褐色纵裂。树皮中厚，不易剥离，表皮略粗糙。

叶——叶互生，叶薄革质，卵形或椭圆状卵形，长5~10厘米，宽3.5~5.5厘米，顶端短尖或近尾尖，基部圆形，近叶基的第一对或第二对侧脉长而显著，背面披白粉，脉腋有腺点。

花——花黄绿色，春天开，圆锥花序腋出，又小又多。花期4~5月份。

果——球形的小果实成熟后为黑紫色，直径约0.8厘米，果期9~11月。

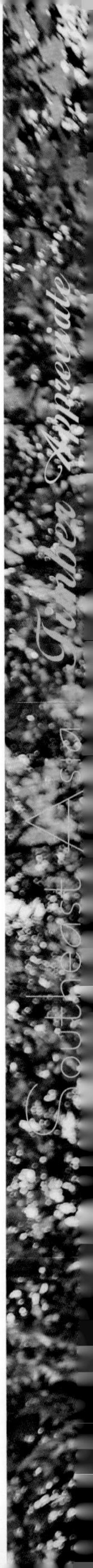

• 云南香樟全树

· 云南香樟树干

· 云南香樟树叶

· 云南香樟树果实

木材特征：

颜色——芯边材区别略明显。边材浅黄褐色，向内为红褐色。

纹路——深褐或栗红色条纹，纹理有直、有曲，有交错，也有波浪纹和山水纹。

生长轮——生长轮略明显。

气味——富有香气，苦味。

气干密度——木材含水率12时，气干密度0.43~0.59g/cm³。

其他特性——传说因为樟树木材上有许多纹路，像是大有文章可做的含意，所以就在"章"字旁加一个"木"字旁作为树名。髓实心，木材光泽强，结构细而匀，有油性，硬度中，干缩小。樟树全株具有樟脑般的清香，可驱虫，而且香味永远不会消失。

· 香樟树木纹

·香樟树木纹

○ 樟树的用途

效用：

樟树有大叶樟和小叶樟之分。为亚热带地区（我国西南地区）重要的特种经济树种。根、木材、枝、叶均可提取樟脑、樟脑油，油的主要成分为樟脑、松油二环烃、樟脑烯、柠檬烃、丁香油酚等。樟脑供医药、塑料、炸药、防腐，樟油可作农药、选矿、制肥皂及香精等原料。枝叶浓密，树形美观可作绿化行道树及防风林。樟脑还有强心解热、杀虫之效。科学研究证明，樟树所散发出的松油二环烃、樟脑烯、柠檬烃、丁香油酚等化学物质，有净化有毒空气的能力，有抗癌功效，能过滤出清新干净的空气，沁人心脾。长期生活在有樟树的环境中会避免患上很多疑难病症。因此，樟树成为南方许多城市和地区园林绿化的首选良木，深受园林绿化行业的青睐。生长快，是防尘很好的城市绿化树种。

其他用途：

木材质优，抗虫害、耐水浸，供建筑、造船、家具、箱柜、室内装饰、雕刻等用。属一类商品材，最多是制作箱柜。

151.

· 香樟木树瘤

· 香樟木箱

第十九章　格木

· 广西格木全树

· 广西格木树枝

○ 格木

中文学名： 格木

科名： Caesalpiniaceae（苏木）

属名： 格木

俗称： 铁木、缅茄木

外文学名： Erythrophloeum fordii oliv.

分布： 我国分布于广西、广东、福建和台湾等地区

形态特征：

树——常绿乔木，高20米左右，直径0.6~1米，广伞茂状。

皮——树皮灰褐色，树皮厚0.8~1.3厘米，质硬，较脆，不易剥离。外皮红褐色至黑褐色。表面粗糙，具有规则的深纵裂，易呈窄条片状剥落。内皮紫红色至浅黄褐色。韧皮纤维发达，易成麻丝状。

叶——叶片厚，倒卵形或倒卵状椭圆形，顶端微缺。

花——花数朵生于叶腋，花冠白色，6裂。

果——果为浆果，长1~1.5厘米，成熟时为黄色，内有种子1~2个，种子长椭圆形，褐色，含油量25%。

木材特征：

颜色——芯边材区别大，边材白色，芯材黄褐色至黄红褐色。

纹路——纹理直至略交错，具不规则黑条纹。

生长轮——年轮可见。

气味——新切面、截面有较大的辛焦煳味。

气干密度——木材含水率12时，气干密度0.68~0.83g/cm^3。

· 广西格木树花

· 广西格木树叶

其他特性及分布：

格木为国家Ⅱ级重点保护野生濒危植物。小枝粗壮，具白色乳汁。格木全世界共有17种，分布在亚洲东部、大洋洲和非洲。是稀有的、有经济价值的树种。我国只有1种，分布于广西、广东、福建和台湾等地区。其垂直分布在海拔700米以下的低山丘陵地带，常为当地天然林的重要组成树种。邻近的越南也有分布。干燥后收缩变形小，耐水耐腐，广西容县的"真武阁"全部用格木建成，不用一根铁钉,历经400多年仍完好无损。格木树冠浓阴苍绿，是优良观赏树种。

· 格木枋材

○ 格木用途

格木结构甚细、均匀，重硬至甚重硬，强度高，加工略困难，切面光滑。干燥略难，易端裂和面裂。适用于强度大和耐久的场合，如矿柱、码头木桩、桥梁、高级家具、工具柄、车工制品和高级地板、木制品等。格木还可做药，功效：强心、益气活血。

· 格木家具

· 格木地板（木纹）

· 几内亚格木全树

· 几内亚格木树干

· 几内亚格木树根

· 几内亚格木树叶正面

· 几内亚格木树叶反面

第二十章　石梓

· 云南石梓全树

○ 石梓

· 云南石梓树花

中文学名：云南石梓

科名：Verbenaceae（马鞭草）

属名：石梓

俗称：云南石梓、大叶石梓、酸树

拉丁名：CrrneIina arborea Roxb.

分布：东南亚、我国云南

形态特征：

树——半落叶乔木，高20米左右，直径0.5~0.8米。

皮——皮灰褐色呈不规则块状脱落，嫩枝常呈四方形，皮中厚，不易剥离，表皮略粗糙。

叶——叶常对生，稀轮生或互生，无托叶。

花——花常两性，左右对称；花萼常宿存，结果时增大而

· 云南石梓树根

呈现鲜艳色彩；花冠下部呈圆柱形，多裂，裂片全缘或下唇中间裂片边缘呈流苏状；雄蕊着生于花冠管上；花盘不显著，花柱顶生，柱头2裂。

果——果实为核果、蒴果或浆果状核果，核单一或为2、4（10）分核。核果倒卵状椭圆形，黄色，系肉质核果。种子通常无胚乳，胚直立，胚根短。

木材特征：

颜色——芯边材明显，材芯红色，弦切板具华丽的光泽。

纹路——浅红色条纹、纹理通直，花纹美丽。

生长轮——略明显。

气味——芯材有淡淡的香气味。

气干密度——木材含水率12时，气干密度0.56~0.67g/cm^3。

其他特性及分布：

石梓是我国二级保护稀有树种。全世界共有35种，主要分布于东南亚。我国主要分布于云南，生长在海拔1400米以下的山坡、山脊或平地季雨林。云南石梓主要分布在西双版纳和耿马、沧源等地。在海南也有石梓分布，但不同种。在云南多为零星分布，少见成片纯林，伴生树种有山白兰、红锥、荷木、苦丁茶、布渣叶等。

现状：

属稀有树种。云南石梓在我国的分布仅限于云南南部和西南部。其材质优良，防湿性能特强，木材坚韧，结构密，干燥后不开裂不变形，且抗虫蛀，耐腐力强。由于多年不合理的采伐和近年来毁林开荒，破坏十分严重，现存的天然植株已明显减少，若不加强保护，促进天然更新，将陷入濒危状态。

○ 石梓材质及用途

石梓刚锯下来的生木材含水率高。天然干燥缓慢,并会出现诸如变色或蛀成小孔的缺点。材质与世界名贵柚木相似。是制造高级家具、室内装修、造船、胶合板等方面的优良用材。石梓还是治疗妇科瘀证和风湿痹痛的良药。

· 云南石梓树叶正面

· 云南石梓树叶反面

第二十一章　清香木

清香木

・清香木全树

○ 清香木

中文学名：清香木

科名：漆树

属名：黄连木

俗称：紫油木、胡椒木、紫叶

拉丁学名：Pistacia weinmannifolia

分布：缅甸北部、我国云南中部、西北部及四川南部

· 清香木果实

形态特征：

树——灌木或小乔木，高5~10米。

皮——树皮褐灰色，小枝具棕色皮孔，幼枝被灰黄色微带柔毛。

叶——复叶互生，有小叶4~8对，叶轴具狭翅，上面具槽，被灰色微柔毛，叶柄被微柔毛；叶革质，长圆形或倒卵状长圆形，较小，长1.5~3.5厘米，宽1~1.5厘米，先端微缺，具芒刺状硬尖头，基部略不对称，阔楔形，全缘，略背卷，两面中脉上被极细微柔毛，侧脉在叶面微凹，叶背明显突起，小叶柄极短。

花——花序腋生，与叶同出，被黄棕色柔毛和红色腺毛；花略小，浅紫红色，无梗，苞片1片，卵圆形，内凹，外面被棕色柔毛，边缘具细睫毛。雄花：花被片6~8片，长圆形或长圆状披针形，长1.5~2.5毫米，膜质，半透明，

· 清香木树干

·清香木树叶

·清香木嫩叶

先端渐尖或呈流苏状，外面2~3片边缘具细睫毛；雄蕊5枚，花丝极短，花药长圆形，先端细尖；不育雌蕊存在。雌花：花被片7~9片，卵状披针形，长1~1.5毫米，膜质，先端细尖或略呈流苏状，外面2~5片边缘具睫毛；无不育雄蕊，子房圆球形，径约0.7毫米，无毛，花柱极短，柱头3裂，外弯。

果——核果球形，长约6毫米，径约7毫米，成熟时红色，先端细尖。挂果期8~10月，果呈红色。

木材特征：

颜色——芯边材区别明显，边材白色，芯材褐栗色或黄褐色。

纹路——深褐或栗黑色条纹、纹理颇曲颇多。有很多波浪纹和山水纹。似缅甸瓦城柚木纹路。

生长轮——略明显。

气味——木质微清香，叶揉碎更清香。

气干密度——木材含水率12时，气干密度0.69~0.89g/cm^3。

其他特性——收缩变形中，易翘裂，有油性。清香木常常生长在海拔1300~2300米的干热河谷地带。

○ 清香木用途

1. 叶皮可入药有消炎解毒及收敛之效，腹泻用带叶顶梢枝煎水喝，效果良好；叶晒干后碾细可作寺庙供香的原料,果实含油脂有固齿作用。对部分皮癣有效。用叶及树皮入药，有消炎解毒、收敛止泻之效。

· 清香木树叶正面

· 清香木皇宫椅

2. 树皮可提取单宁，用作药物，化妆品及作鞣革原料。

3. 木材花纹色泽美观，材质硬重，干燥后稳定性好。可制作乐器、家具、木雕、工艺品等。

4. 叶可提芳香油，民间常用叶碾成粉制"香"。

5. 喂猪，是很好的饲料。

6. 可用于园林绿化，盆景。有净化空气、驱避蚊虫的作用。

7. 美容：鲜叶捣成泥状敷面，可使粗大毛孔收缩、绷紧而减少皱纹，使皮肤显出细腻的外观。能抑制酪氨酸酶和过氧化氢酶的活性，也能使黑色素还原脱色，还能有效清除活性氧，具有综合美白效果。

· 清香木截面

· 清香木木纹

第二十二章　红椿

· 云南红椿全树

○ 红椿

中文学名： 红椿

科名： 楝

属名： 香椿

俗称： 红楝子、森木、双翼香椿

外文学名： Toona ciliata Roem.

　分布： 我国云南、安徽、福建、广东、广西、湖南。云南广布于德宏、西双版纳、文山、红河，滇中也有零星分布。

形态特征：

树——落叶或常绿速生乔木，高达35米，胸径0.6米以上，树干直而圆。

皮——树皮厚，质略软，易条状剥离。外皮褐色，呈鳞片状纵裂，嫩枝初被柔毛，后变无毛，内皮红褐色，石细胞火焰状排列，韧皮纤维细长，柔韧。

叶——叶枝为羽状复叶，长25~40厘米，小叶7~14对，纸质，椭圆状形或卵状披针形，长8~12厘米，宽2.5~4厘米，先端渐尖，基部稍偏斜，全缘，上面无毛，下面仅脉腋有束毛。

花——圆锥花序顶生，与叶近等长或稍短；花两性，白色，有香气，具短梗；花萼短，裂片卵圆形；花瓣5片，长圆形；雄蕊5枚，花丝无毛，花药比花丝短；子房5室，胚珠每室8~10枚，子房和花柱密被粗毛，柱头无毛。

果——蒴果长椭圆形，长2.5~3.5厘米，果皮厚，木质，干时褐色，皮孔明显，种子两端具膜质翅，翅长圆状卵形，长约1.5厘米，先端钝或急尖，通常上翅比下翅长。

· 云南红椿树叶正面

· 云南红椿树叶反面

· 红椿种子

木材特征：

颜色——芯边材区别明显，边材浅红褐色，芯材深红褐色。木材具有光泽。

纹路——深褐色条纹、纹理颇多，纹理明晰，十分漂亮。

生长轮——明显，宽度略均匀。

气味——新切面、截面有香气。

气干密度——木材含水率12时，气干密度0.46~0.63g/cm³。

其他特性——收缩变形小，不易翘裂，木材结构中至粗，略匀，材表细纱纹，髓实心。

主要分布：

云南主要分布在东南部蒙自、文山、开远、个旧、泸西和西南部保山、龙陵、景洪。广西、广东、湖南、贵州、四川、福建等地也有分布。通常多生于海拔300~800米的低山缓坡谷阔叶林中。在云南分布较多，多见于海拔1300~1800米的地带。垂直分布在海拔300~2260米，而以海拔1300~1800米的亚热带地区较多。广东、广西的垂直分布范围在海拔800米以下。印度、马来西亚、印度尼西亚、越南等国也有分布。

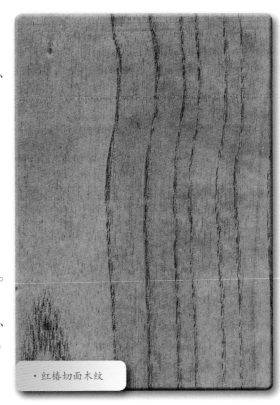

· 红椿切面木纹

·红椿毛坯地板　　·红椿根雕

种类：

红椿是众多椿木中的一种，云南的椿木中常用的主要有红椿、香椿、铁椿和紫椿，但最多的是香椿。其中红椿颜色和纹路最漂亮，最受市场欢迎。

○ 红椿用途

最适合制作家具、家庭装修，是我国的热带、亚热带珍贵速生树种之一。

·红椿家具

· 云南香椿全树

· 云南香椿树干

· 云南香椿嫩枝

· 云南香椿树叶

· 香椿枋材

· 香椿地板

· 香椿切面木纹

2013 年东南亚常用名优木材原材参考价

树种 （学名）	俗称	原材价（吨／元）	
		短料综合价	长料面料综合价
沉香木	沉香木	2500	3500
沉香	沉香、奇楠沉香、水沉香、土沉香	3000~30000/克	−
檀香木	檀香	8000000~18000000	−
桃花心木	美洲桃花心	5000	9000
柚木	泰柚、老柚木	15000	60000
红豆杉	紫金衫	30000	70000
香榧木	榧木	30000	80000
黄杨	小黄杨、大黄杨	7000	20000
铁力木	金车花梨	6000	8000
柏木	香柏、桧木	5000	9000
榉木	椐木、椇木	4500	8500
枫木	三角枫、五角枫	4000	6000
核桃木	胡桃木	4500	6500
褐榄仁	黑檀	4000	6000
任嘎漆	红檀、大漆树	6000	8000
铁线子	红檀	6000	8000
黑心楠	金丝楠	6000	10000
红西南桦	桦桃木、樱桃木	5000	6000
樟树	香樟	4500	6500
格木	铁木、缅茄木	4500	8000
石梓	酸树	4000	6000
清香木	紫柚木	4500	7000
红椿	红楝木	3500	5500

图书在版编目（CIP）数据

东南亚常用名优木材鉴赏 / 杨文广编著. -- 昆明：
云南美术出版社，2012.11
ISBN 978-7-5489-0983-5

Ⅰ. ①东… Ⅱ. ①杨… Ⅲ. ①木材－鉴赏－东南亚
Ⅳ. ①S781

中国版本图书馆CIP数据核字(2012)第258848号

责任编辑：张文璞 赵 婧
装帧设计：凤 涛
校 对：胡国泉

东南亚常用名优木材鉴赏

杨文广 编著

出版发行：云南出版集团公司 云南美术出版社
制 版：昆明凡影(原雅昌)图文艺术有限公司
印 刷：昆明富新春彩色印务有限公司
开 本：787mm×1092mm 1/16
印 张：11.5
版 次：2012年11月第1版
印 次：2013年5月第1次印刷
印 数：1~1 000
ISBN 978-7-5489-0983-5
定 价：149.00元

Reference document

参考文献

1. 张轶中、王从皎、杨静榕编著《云南商品木材簿木手册》，云南科技出版社出版。

2. 嘉木编著《中式家具图谱》，湖南美术出版社出版。

3. 百度网百科和百度网文库。